Mina Kumari

Ciência em Movimento: A viagem da descoberta

Mina Kumari

Ciência em Movimento: A viagem da descoberta

ScienciaScripts

Imprint

Cover image: www.ingimage.com

This book is a translation from the original published under ISBN 978-620-7-80981-3.

Publisher:
Sciencia Scripts
is a trademark of
Dodo Books Indian Ocean Ltd. and OmniScriptum S.R.L publishing group

120 High Road, East Finchley, London, N2 9ED, United Kingdom
Str. Armeneasca 28/1, office 1, Chisinau MD-2012, Republic of Moldova, Europe
Printed at: see last page
ISBN: 978-620-7-86047-0

Prefácio

Na vasta tapeçaria da história humana, poucas actividades têm sido tão transformadoras como a ciência. É um farol de curiosidade, uma busca de compreensão e uma viagem ao desconhecido. Este livro, "Ciência em Movimento: A Viagem da Descoberta", tem como objetivo captar a essência desta notável viagem, destacando os marcos, os desafios e os triunfos que definiram os nossos esforços científicos. Através destas páginas, percorreremos as paisagens das observações antigas, das teorias revolucionárias e dos avanços de ponta da atualidade. Esta não é apenas uma crónica de factos, mas uma celebração do espírito humano que procura desvendar os mistérios do universo.

Saudações calorosas,

Dr. Mina Kumari

Índice

Capítulo 1: A aurora da investigação

O nascimento da ciência

O nascimento da ciência está profundamente enraizado na curiosidade natural e no engenho dos primeiros seres humanos. Muito antes do desenvolvimento da linguagem escrita e do conhecimento formalizado, os nossos antepassados envolveram-se em formas rudimentares de investigação científica. Este capítulo explora as primeiras fases do pensamento científico, salientando como as observações e experiências primitivas lançaram as bases para a disciplina complexa e estruturada que hoje reconhecemos como ciência.

A curiosidade humana primitiva

Desde os primórdios, o ser humano é movido pela necessidade de compreender o que o rodeia. Esta curiosidade manifestou-se de várias formas, desde a criação de ferramentas e a domesticação de animais até à observação de corpos celestes. Os primeiros seres humanos usaram a tentativa e o erro para desenvolver soluções práticas para a sobrevivência, tais como estratégias de caça, práticas agrícolas e a utilização de plantas medicinais.

Competências de observação e conhecimentos iniciais

A observação era uma competência crucial para os primeiros seres humanos. Ao observarem cuidadosamente os padrões da natureza, começaram a desenvolver uma compreensão empírica do mundo. Por exemplo, ao observarem as mudanças de posição das estrelas e as fases da lua, podiam prever as alterações sazonais, o que era essencial para a agricultura. O conhecimento das plantas que eram seguras para comer e das que tinham propriedades medicinais foi transmitido de geração em geração, formando a base da ciência médica primitiva.

O papel do mito e da religião

Em muitas culturas antigas, as explicações para os fenómenos naturais estavam entrelaçadas com o mito e a religião. As divindades eram frequentemente invocadas para explicar as forças da natureza e eram efectuados rituais para apaziguar esses deuses. Embora estas crenças possam parecer pouco científicas segundo os padrões modernos, faziam parte da tentativa humana inicial de dar sentido ao mundo. Com o tempo, algumas destas explicações mitológicas evoluíram para observações e explicações mais sistemáticas.

O desenvolvimento da escrita e da manutenção de registos

A invenção da escrita foi um marco importante no nascimento da ciência. Com a capacidade de registar observações, os primeiros seres humanos puderam preservar e transmitir conhecimentos de forma mais eficaz. Civilizações antigas, como os sumérios, os egípcios e os chineses, desenvolveram sistemas de escrita que lhes permitiram documentar acontecimentos astronómicos, tratamentos médicos e técnicas de engenharia. Esta acumulação de conhecimentos registados foi um passo crucial para o desenvolvimento da ciência formal.

As civilizações antigas e as suas contribuições

O Egipto antigo, a Mesopotâmia, a Índia, a China e a Grécia deram contributos substanciais para o início da ciência. Cada uma destas civilizações desenvolveu abordagens únicas para compreender e manipular o mundo natural.

- **Egipto antigo**: Os egípcios fizeram avanços significativos na astronomia, medicina e engenharia. Desenvolveram um calendário baseado nos ciclos lunar e solar, essencial para o planeamento agrícola. Os médicos egípcios praticavam uma forma de medicina que incluía a cirurgia, a utilização de plantas medicinais e um conhecimento da anatomia humana derivado das práticas de mumificação.

- **Mesopotâmia**: Os mesopotâmicos destacavam-se na matemática e na astronomia. Desenvolveram um sistema numérico sexagesimal (base 60) que influenciou o nosso atual sistema de contagem do tempo (60 segundos num minuto, 60 minutos numa hora). Também criaram registos detalhados de eventos celestes, o que os ajudou a desenvolver uma forma primitiva de astrologia.

- **Índia**: Os académicos indianos deram contributos notáveis para a matemática e a astronomia. Aryabhata, um matemático e astrónomo indiano, propôs que a Terra gira sobre o seu eixo e calculou com precisão a duração do ano solar. Os matemáticos indianos também desenvolveram o conceito de zero e o sistema decimal.

- **China**: Os cientistas e inventores chineses contribuíram para vários domínios, incluindo a astronomia, a medicina e a engenharia. Criaram os primeiros sismógrafos para detetar terramotos e desenvolveram extensos textos médicos que descreviam em pormenor a utilização de ervas e da acupunctura.

- **Grécia**: Os filósofos gregos, como Tales, Pitágoras e Hipócrates, lançaram as bases fundamentos da ciência ocidental. Tales é frequentemente considerado como o primeiro filósofo a propor explicações naturais para os fenómenos naturais. Pitágoras fez importantes contribuições para a matemática, nomeadamente para a geometria. Hipócrates, conhecido como o "Pai da Medicina" enfatizou a importância da observação e da documentação na prática médica.

Os fundamentos filosóficos

Na Antiguidade, a filosofia e a ciência estavam profundamente interligadas. Os filósofos procuravam compreender o mundo através da razão e da observação, e as suas investigações lançaram as bases para o desenvolvimento da ciência.

- **Sócrates, Platão e Aristóteles**: Estes filósofos gregos deram contributos significativos para a filosofia natural. Sócrates enfatizou a importância do questionamento e do pensamento crítico. Platão, seu aluno, explorou a natureza da realidade e do conhecimento, propondo que o mundo material é uma sombra de uma realidade superior e mais perfeita. Aristóteles, um aluno de Platão, fez extensas observações do mundo natural e desenvolveu uma abordagem sistemática para o estudar. As suas obras sobre biologia, física e metafísica foram fundamentais para o desenvolvimento da ciência ocidental.

- **Filosofia natural**: O termo "filosofia natural" era utilizado para descrever o estudo da natureza e do universo físico. Os filósofos naturais, como os pré-socráticos na Grécia, procuravam explicar o mundo natural sem recorrer à mitologia. Propunham que os fenómenos naturais podiam ser compreendidos através da observação, da razão e de provas empíricas.

Transição para a ciência formal

A transição das primeiras práticas de observação e inquéritos filosóficos para a ciência formal foi gradual. À medida que as sociedades se tornaram mais complexas, aumentou a necessidade de conhecimento sistemático. A criação de instituições, como as bibliotecas e as academias, facilitou a acumulação e a divulgação do conhecimento. O trabalho dos primeiros cientistas e filósofos lançou as bases para as revoluções científicas que se seguiriam nos períodos do Renascimento e do Iluminismo.

O nascimento da ciência foi um processo gradual, impulsionado pela curiosidade humana e pelo desejo de compreender e manipular o mundo natural. Os primeiros seres humanos utilizavam a observação, a tentativa e erro e a manutenção de registos para desenvolver conhecimentos práticos. As civilizações antigas deram contributos significativos em vários domínios e as investigações filosóficas de pensadores como Sócrates, Platão e Aristóteles lançaram as bases para a investigação científica sistemática. A viagem da descoberta científica, que começou com estes primeiros esforços, continua a evoluir e a expandir a nossa compreensão do universo.

As civilizações antigas e as suas contribuições

As civilizações antigas de todo o mundo lançaram as pedras basilares da ciência moderna através das suas abordagens e descobertas inovadoras. Os seus contributos abrangeram vários domínios, incluindo a matemática, a astronomia, a medicina e a engenharia. Esta secção analisa as realizações de algumas das civilizações antigas mais influentes: Egipto, Mesopotâmia, Índia, China e Grécia.

Antigo Egipto

Astronomia e cronometragem

- Os egípcios desenvolveram um sistema de calendário extremamente preciso, baseado nos ciclos lunar e solar. Identificaram um ano como sendo composto por 365 dias, divididos em 12 meses de 30 dias cada, com um acréscimo de 5 dias no final.
- O alinhamento das pirâmides com corpos celestes sugere conhecimentos avançados de astronomia.

Medicina

- A medicina egípcia era muito avançada para a sua época. Papiros médicos, como o Papiro de Ebers e o Papiro de Edwin Smith, documentam vários tratamentos e procedimentos cirúrgicos.
- Praticavam cirurgia, tratavam ossos partidos e utilizavam uma variedade de remédios à base de plantas. A compreensão da anatomia foi significativamente melhorada através das práticas de mumificação.

Engenharia e Arquitetura

- A construção das pirâmides e de outras estruturas monumentais demonstra os seus sofisticados conhecimentos de engenharia. Utilizavam cálculos matemáticos precisos para alcançar a estabilidade estrutural e as proporções estéticas.

- A utilização de rampas e alavancas nas técnicas de construção ilustra o seu engenho.

Mesopotâmia

Matemática

- Os mesopotâmicos desenvolveram um sistema numérico sexagesimal (base 60), que influenciou a contagem do tempo moderna (60 segundos num minuto, 60 minutos numa hora).
- Eram peritos na resolução de equações quadráticas e cúbicas e criaram extensos textos matemáticos que orientavam várias aplicações práticas.

Astronomia

- Mantinham registos detalhados dos acontecimentos celestes, o que os ajudou a desenvolver as primeiras formas de astrologia e astronomia. Os Diários Astronómicos da Babilónia documentavam movimentos planetários, eclipses e outros fenómenos astronómicos.
- O conceito de divisão do círculo em 360 graus teve origem na Mesopotâmia e é fundamental para a geometria e a astronomia modernas.

Direito e Sociedade

- O Código de Hamurabi, um dos mais antigos códigos legais escritos, demonstra a sua avançada compreensão da lei e da governação. Incluía leis sobre comércio, propriedade, família e direitos civis, reflectindo uma sociedade complexa e organizada.

Índia

Matemática

- Os matemáticos indianos deram contributos significativos, incluindo o desenvolvimento do conceito de zero e do sistema decimal. Estas inovações são cruciais para a matemática moderna.
- Aryabhata, um proeminente matemático e astrónomo indiano, calculou com precisão o valor de pi e a duração do ano solar. Também propôs que a Terra gira sobre o seu eixo.

Astronomia

- Os astrónomos indianos fizeram observações detalhadas dos corpos celestes e desenvolveram modelos astronómicos sofisticados. O trabalho de Aryabhata incluía um modelo heliocêntrico, que estava à frente do seu tempo.
- O Surya Siddhanta, um antigo texto astronómico indiano, fornecia conhecimentos pormenorizados sobre os movimentos dos planetas e o cálculo dos eclipses.

Medicina

- O antigo sistema médico indiano, Ayurveda, enfatizava uma abordagem holística da saúde e do bem-estar. Textos como o Charaka Samhita e o Sushruta Samhita documentavam procedimentos cirúrgicos, plantas medicinais e vários tratamentos.
- Sushruta, conhecido como o "Pai da Cirurgia", descreveu numerosos instrumentos e técnicas cirúrgicas, incluindo a rinoplastia e a cirurgia às cataratas.

China

Astronomia

- Os astrónomos chineses faziam observações meticulosas dos acontecimentos celestes e desenvolveram os primeiros sismógrafos para detetar terramotos. O Livro da Seda, um antigo manuscrito chinês, inclui o primeiro catálogo de estrelas conhecido.
- Previam com exatidão os eclipses solares e lunares e desenvolveram um calendário lunar que influenciou as suas práticas agrícolas.

Medicina

- A Medicina Tradicional Chinesa (MTC) é um sistema médico abrangente que inclui a acupunctura, a fitoterapia e a terapia dietética. Textos antigos como o Huangdi Neijing (Cânone Interior do Imperador Amarelo) lançaram as bases da MTC.
- A utilização de remédios à base de plantas e de pontos de acupunctura reflecte uma compreensão avançada da fisiologia humana e da prevenção de doenças.

Engenharia e invenção

- Os inventores chineses criaram numerosas tecnologias importantes, incluindo o fabrico de papel, a impressão, a pólvora e a bússola. Estas invenções tiveram um impacto profundo na sociedade chinesa e no mundo.

- A construção da Grande Muralha e do Grande Canal demonstram as suas capacidades de engenharia e de organização de projectos de grande escala.

Grécia

Filosofia e ciências naturais

- Filósofos gregos como Tales, Pitágoras e Heráclito deram os primeiros contributos para as ciências naturais. Tales é frequentemente considerado o primeiro filósofo a propor explicações naturais para os fenómenos naturais.
- Pitágoras é conhecido pelos seus contributos para a matemática, nomeadamente o teorema de Pitágoras, que tem um significado duradouro na geometria.

Medicina

- Hipócrates, conhecido como o "Pai da Medicina", estabeleceu uma abordagem sistemática à prática clínica, dando ênfase à observação e à documentação. O Corpus Hipocrático inclui numerosos textos sobre teoria e prática médica.
- Os médicos gregos desenvolveram a compreensão da anatomia e da fisiologia através da dissecação e de estudos comparativos.

Astronomia e Física

- Os astrónomos gregos, incluindo Aristarco e Hiparco, deram contributos significativos para a compreensão do cosmos. Aristarco propôs um modelo heliocêntrico, enquanto Hiparco desenvolveu um catálogo de estrelas e métodos de previsão de eclipses solares e lunares.
- Arquimedes, um matemático e engenheiro grego, deu contributos fundamentais para a física, incluindo os princípios da flutuabilidade e da alavanca.

As conquistas das civilizações antigas no domínio da ciência e da tecnologia lançaram as bases da investigação científica moderna. As suas inovações em matemática, astronomia, medicina e engenharia demonstram um nível notável de compreensão e engenho. Estes primeiros contributos forneceram as bases essenciais sobre as quais se construíram os avanços científicos posteriores, e o seu legado continua a influenciar a ciência e a tecnologia contemporâneas.

Os fundamentos filosóficos

O desenvolvimento da ciência, tal como a conhecemos atualmente, deve muito às investigações filosóficas dos pensadores antigos. A filosofia e a ciência estavam profundamente interligadas na Antiguidade, com os filósofos a lançarem as bases para a investigação sistemática e o pensamento racional. Esta secção explora os contributos dos principais filósofos e a evolução da filosofia natural, que acabou por dar origem à ciência moderna.

Método Socrático e Pensamento Crítico

Sócrates (c. 470-399 a.C.)

- Sócrates é conhecido pelo seu método de investigação, conhecido como método socrático, que consiste em colocar uma série de questões para estimular o pensamento crítico e esclarecer ideias. Esta abordagem dialética encorajava o questionamento e o debate rigorosos, ajudando a descobrir pressupostos subjacentes e inconsistências lógicas.
- A sua atenção às questões éticas e à natureza do conhecimento lançou as bases da epistemologia, o estudo do conhecimento. A insistência de Sócrates na procura da verdade através da razão e do diálogo influenciou as gerações seguintes de filósofos e cientistas.

A teoria das formas de Platão

Platão (c. 427-347 a.C.)

- Platão, aluno de Sócrates, propôs a Teoria das Formas, segundo a qual o mundo material é uma sombra de uma realidade superior e mais perfeita. De acordo com Platão, o verdadeiro conhecimento só pode ser alcançado através da compreensão destas Formas ou Ideias abstractas, que são imutáveis e eternas.
- Nas suas obras, como "A República" e "Timeu", Platão explorou a natureza da realidade, do conhecimento e do cosmos. A sua ênfase na racionalidade e na busca da verdade influenciou o desenvolvimento do pensamento científico, particularmente na metafísica e na epistemologia.

O empirismo de Aristóteles e a investigação sistemática

Aristóteles (384-322 a.C.)

- Aristóteles, aluno de Platão, deu grandes contribuições em vários domínios, incluindo a biologia, a física, a metafísica, a ética e a política. Ao contrário de Platão, Aristóteles deu ênfase à observação empírica e à investigação sistemática do mundo natural.
- Desenvolveu um sistema de lógica abrangente, conhecido como lógica silogística, que se tornou a base do raciocínio dedutivo. As obras de Aristóteles, como a "Física", a "Metafísica", a "Ética a Nicómaco" e "Sobre os Céus", forneceram uma abordagem sistemática ao estudo da natureza e lançaram as bases para o método científico.
- A classificação dos organismos vivos por Aristóteles e os seus estudos sobre a anatomia e a fisiologia dos animais são considerados trabalhos pioneiros em biologia. A sua ênfase na observação, classificação e análise lógica preparou o terreno para futuros empreendimentos científicos.

Filósofos pré-socráticos

Tales, Anaximandro e Anaxímenes

- Tales de Mileto (c. 624-546 a.C.) é frequentemente considerado como o primeiro filósofo a propor explicações naturais para os fenómenos naturais. Sugeriu que a água é a substância fundamental do universo, afastando-se das explicações mitológicas.
- Anaximandro (c. 610-546 a.C.), um aluno de Tales, propôs que o universo originado de uma substância indefinida chamada "apeiron". Deu também os primeiros contributos para a cosmologia e a geografia.
- Anaxímenes (c. 586-526 a.C.), outro filósofo pré-socrático, sugeriu que o ar é a substância fundamental e que as alterações na sua densidade conduzem à formação de diferentes materiais. Estas primeiras investigações sobre a natureza da matéria e do cosmos lançaram as bases para as teorias científicas posteriores.

A transição para a filosofia natural

Filosofia Natural

- O termo "filosofia natural" era utilizado para descrever o estudo da natureza e do universo físico. Os filósofos naturais procuravam explicar os fenómenos naturais através da razão, da observação e de provas empíricas, em vez de se basearem em explicações mitológicas ou sobrenaturais.

- Figuras como Heráclito, Pitágoras e Demócrito deram contributos significativos para a filosofia natural. Heráclito (c. 535-475 a.C.) propôs que a mudança é a essência fundamental do universo, sintetizada na sua famosa frase: "Não se pode entrar duas vezes no mesmo rio".
- Pitágoras (c. 570-495 a.C.) é mais conhecido pelos seus contributos para a matemática, nomeadamente o teorema de Pitágoras. Também explorou a relação entre os números e o mundo natural, lançando as bases para a exploração matemática e científica.
- Demócrito (c. 460-370 a.C.) propôs o conceito de atomismo, sugerindo que o universo é composto por partículas pequenas e indivisíveis chamadas átomos. Esta ideia foi precursora da teoria atómica moderna.

Período helenístico e Biblioteca de Alexandria

O período helenístico (c. 323-31 a.C.)

- O período helenístico assistiu à expansão da cultura e do conhecimento gregos no Mediterrâneo e no Próximo Oriente. Durante este período, a investigação científica floresceu e foram feitos avanços significativos em vários domínios.
- A Biblioteca de Alexandria, fundada no século III a.C. no Egipto, tornou-se um importante centro de aprendizagem e de estudos. Albergava inúmeros textos e atraía académicos de diferentes partes do mundo, fomentando a troca de ideias e o avanço do conhecimento.

Figuras-chave do período helenístico

- **Euclides (c. 300 a.C.)**: Conhecido como o "Pai da Geometria", a obra "Elementos" de Euclides compilou sistematicamente o conhecimento da geometria, lançando as bases desta disciplina matemática.
- **Arquimedes (c. 287-212 a.C.)**: Matemático e engenheiro, Arquimedes deu contributos significativos para a física, incluindo os princípios da flutuabilidade e da alavanca. As suas invenções e descobertas matemáticas tiveram um impacto profundo nos

desenvolvimentos científicos posteriores.

- **Eratóstenes (c. 276-194 a.C.**): Matemático, geógrafo e astrónomo, Eratóstenes calculou com exatidão a circunferência da Terra e desenvolveu um sistema de latitude e longitude, fazendo avançar o campo da geografia.

A influência dos académicos islâmicos

Idade de Ouro Islâmica (séc. VIII a XIV)

- Após o declínio do Império Romano, os académicos islâmicos desempenharam um papel crucial na preservação e expansão dos conhecimentos dos antigos filósofos gregos. A Idade de Ouro islâmica assistiu à tradução de textos gregos para árabe e ao desenvolvimento de contribuições originais em vários domínios.

- Estudiosos como Al-Kindi, Al-Farabi, Avicena (Ibn Sina) e Averróis (Ibn Rushd) fizeram avanços significativos na filosofia, medicina, matemática e astronomia. Sintetizaram a filosofia grega com o pensamento islâmico, criando uma rica tradição intelectual que influenciou tanto o mundo islâmico como a Europa medieval.

- Al-Kindi (c. 801-873 d.C.) é conhecido como o "Filósofo dos Árabes" e contribuiu para vários domínios, incluindo a filosofia, a matemática e a ótica.

- Avicena (c. 980-1037 d.C.) escreveu "O Livro da Cura" e "O Cânone da Medicina", que se tornaram textos padrão tanto no mundo islâmico como na Europa durante séculos.

As bases filosóficas estabelecidas pelos pensadores antigos foram fundamentais para o desenvolvimento da ciência. O método de investigação de Sócrates, a exploração de formas abstractas por Platão e a ênfase de Aristóteles na observação empírica e na investigação sistemática prepararam o terreno para o método científico. Os contributos dos filósofos pré-socráticos e os avanços registados durante o período helenístico enriqueceram ainda mais o panorama intelectual. A preservação e expansão destes conhecimentos pelos académicos islâmicos durante a Idade de Ouro islâmica assegurou que estes fundamentos filosóficos continuassem a influenciar o desenvolvimento da ciência na Europa medieval e não só. Estas primeiras investigações filosóficas prepararam o caminho para as revoluções científicas do Renascimento e do Iluminismo, conduzindo, em última análise, à era científica moderna.

Capítulo 2: O Renascimento e o Século das Luzes

O renascimento do conhecimento clássico

O Renascimento e o Século das Luzes foram períodos de grande transformação intelectual e cultural. Estas eras marcaram o renascimento do conhecimento clássico e o nascimento da ciência moderna, caracterizada por um interesse renovado nos textos gregos e romanos antigos e por um espírito de investigação e experimentação. Este capítulo explora os principais desenvolvimentos, figuras e ideias que definiram estes períodos transformadores.

O Renascimento: Um despertar do conhecimento

Origens e contexto

- O Renascimento, que significa "renascimento", começou em Itália no século XIV e espalhou-se por toda a Europa, durando até ao século XVII. Foi uma época de redescoberta dos conhecimentos clássicos da Grécia e Roma antigas, impulsionada pela queda de Constantinopla em 1453 e pelo afluxo de académicos gregos à Europa.
- A invenção da imprensa por Johannes Gutenberg, por volta de 1440, desempenhou um papel crucial na divulgação de textos clássicos e de novas ideias, tornando o conhecimento mais acessível.

O humanismo e o estudo das ciências humanas

- O humanismo, um dos principais movimentos intelectuais do Renascimento, enfatizava o estudo dos textos clássicos e o valor do potencial e das realizações humanas. Os humanistas acreditavam que o estudo das humanidades (literatura, história, filosofia) poderia conduzir a uma sociedade mais virtuosa e conhecedora.
- Humanistas proeminentes como Petrarca, Giovanni Boccaccio e Erasmo contribuíram para o renascimento da aprendizagem clássica e enfatizaram a importância da educação e da investigação individual.

Arte e ciência: Uma relação simbiótica

- O Renascimento assistiu a uma estreita relação entre a arte e a ciência. Artistas como Leonardo da Vinci e Miguel Ângelo eram também observadores atentos do mundo natural e deram contributos significativos para o conhecimento científico.

- Leonardo da Vinci (1452-1519) exemplificou o homem do Renascimento, destacando-se na arte, anatomia, engenharia e física. Os seus desenhos anatómicos detalhados e os seus estudos sobre mecânica e voo foram inovadores.
- A utilização da perspetiva linear na arte, desenvolvida por Filippo Brunelleschi e aprofundada por artistas como Masaccio, reflectia uma abordagem matemática à compreensão do espaço e das proporções.

Inovações científicas e figuras-chave

- O Renascimento foi marcado por avanços científicos significativos e pelo aparecimento de figuras-chave que desafiaram os pontos de vista tradicionais e lançaram as bases da ciência moderna.
- **Nicolau Copérnico (1473-1543)**: A sua teoria heliocêntrica, proposta em "De revolutionibus orbium coelestium", postulava que a Terra e os outros planetas giravam em torno do Sol, desafiando o modelo geocêntrico.
- **Andreas Vesalius (1514-1564)**: Na sua obra "De humani corporis fabrica", Vesalius corrigiu muitos erros da anatomia galénica através de dissecações e observações pormenorizadas.
- **Galileu Galilei (1564-1642)**: Muitas vezes chamado de "Pai da Ciência Moderna", Galileu fez contribuições significativas para a astronomia, a física e o método científico. A sua utilização do telescópio confirmou a teoria heliocêntrica e as suas experiências sobre o movimento lançaram as bases da mecânica clássica.

A Era do Iluminismo: O triunfo da razão

Fundamentos filosóficos

- O Século das Luzes, que abrangeu os finais do século XVII e o século XVIII, caracterizou-se pela ênfase na razão, no individualismo e no ceticismo em relação à autoridade tradicional. Os pensadores do Iluminismo acreditavam que o pensamento racional e as provas empíricas podiam conduzir ao progresso humano e à melhoria da sociedade.
- **John Locke (1632-1704)**: As teorias de Locke sobre o empirismo e a natureza do conhecimento, articuladas em "An Essay Concerning Human Understanding",

defendiam que o conhecimento deriva da experiência sensorial.

- **René Descartes (1596-1650)**: Descartes, conhecido pela sua afirmação "Cogito, ergo sum" ("Penso, logo existo"), enfatizou o uso da razão para duvidar e questionar o conhecimento existente, lançando as bases para o método científico.

Revolução Científica

- O Iluminismo viu o culminar da Revolução Científica, com avanços significativos na física, astronomia, química e biologia.
- **Isaac Newton (1643-1727)**: A obra de Newton "Philosophiæ Naturalis Principia Mathematica" (1687) formulou as leis do movimento e da gravitação universal, unificando as ciências físicas num único quadro teórico.
- **Robert Boyle (1627-1691)**: Muitas vezes chamado o "Pai da Química", o trabalho de Boyle sobre o comportamento dos gases, detalhado em "The Sceptical Chymist", lançou as bases da química moderna.
- **Antonie van Leeuwenhoek (1632-1723)**: Usando o seu microscópio aperfeiçoado, van Leeuwenhoek fez observações pioneiras da vida microscópica, incluindo bactérias e protozoários.

O papel das academias e sociedades

-

- A Royal Society of London, fundada em 1660, tornou-se uma instituição de referência para a promoção da investigação científica e a publicação de trabalhos científicos.
- A Academia Francesa de Ciências, fundada em 1666, contribuiu igualmente para o avanço da ciência na Europa, promovendo a colaboração e a comunicação entre cientistas.

Os pensadores do Iluminismo e as suas contribuições

- **Voltaire (1694-1778)**: Voltaire defendeu o uso da razão e criticou o dogma e a superstição. As suas obras, como "Cândido", promoviam os ideais iluministas e a importância do progresso científico.

- **Jean-Jacques Rousseau (1712-1778)**: As obras de Rousseau sobre educação, como "Émile, ou Sobre a Educação", enfatizam a importância de estimular a curiosidade natural e o desenvolvimento da razão.

- **Denis Diderot (1713-1784)**: Diderot, juntamente com Jean le Rond d'Alembert, editou a "Encyclopédie", uma obra monumental que visava compilar e disseminar a totalidade do conhecimento humano, reflectindo a busca do Iluminismo pela compreensão universal.

Impacto na sociedade e na cultura

- As ideias do Iluminismo tiveram um impacto profundo na sociedade, influenciando o pensamento político, a educação e o desenvolvimento cultural.

- Os princípios do Iluminismo contribuíram para o desenvolvimento dos Estados democráticos modernos e para a promoção dos direitos e liberdades individuais, como se viu nas Revoluções Americana e Francesa.

- A ênfase na educação e no pensamento racional levou à criação de universidades e instituições de ensino que promoviam a investigação científica e o pensamento crítico.

O Renascimento e o Século das Luzes foram períodos fundamentais na história da ciência e do pensamento intelectual. O renascimento do conhecimento clássico durante o Renascimento, combinado com as abordagens empíricas e racionais do Iluminismo, preparou o terreno para a era científica moderna. As figuras-chave, as inovações e os avanços filosóficos durante estes tempos fomentaram uma cultura de investigação, experimentação e progresso que continua a moldar a nossa compreensão do mundo atual. O legado destes períodos é evidente na busca contínua do conhecimento e no impacto duradouro da descoberta científica na sociedade e na cultura.

A Revolução Científica

A Revolução Científica foi um período de profunda transformação na forma como os seres humanos compreendiam o mundo natural, que se estendeu pelos séculos XVI e XVII. Marcou o aparecimento da ciência moderna através de desenvolvimentos na matemática, física, astronomia, biologia e química. Este capítulo explora as figuras-chave, as descobertas e as ideias que definiram a Revolução Científica, destacando a forma como alteraram fundamentalmente a nossa compreensão do universo e lançaram as bases do pensamento científico contemporâneo.

O clima intelectual e os precursores

Escolástica medieval e humanismo renascentista

- O escolasticismo medieval, caracterizado pela síntese da teologia cristã e da filosofia aristotélica, dominou a vida intelectual europeia antes da Revolução Científica. Estudiosos como Tomás de Aquino procuraram conciliar a fé com a razão.
- O humanismo renascentista, com a sua ênfase na redescoberta dos textos clássicos e no valor do potencial humano, lançou as bases intelectuais para a Revolução Científica. Os humanistas promoveram o pensamento crítico e o estudo da natureza através da observação direta e de provas empíricas.

Inovações tecnológicas e metodológicas

- A invenção da imprensa por Johannes Gutenberg, por volta de 1440, facilitou a divulgação de ideias e textos científicos, tornando o conhecimento mais acessível e promovendo a comunicação académica.
- As melhorias registadas nos instrumentos de observação, como o telescópio e o microscópio, permitiram aos cientistas explorar domínios do cosmos e do mundo microscópico anteriormente desconhecidos. Estes avanços tecnológicos foram cruciais para a recolha de dados empíricos que desafiaram os paradigmas existentes.

Figuras-chave e suas contribuições

Nicolau Copérnico (1473-1543)

- **Teoria Heliocêntrica**: Na sua obra seminal "De revolutionibus orbium coelestium" (1543), Copérnico propôs o modelo heliocêntrico, segundo o qual a Terra e os outros planetas giram em torno do Sol. Este modelo desafiava o modelo geocêntrico de longa data, apoiado por Ptolomeu e pela Igreja Católica.
- **Impacto**: A teoria heliocêntrica de Copérnico lançou as bases para as descobertas astronómicas subsequentes e alterou fundamentalmente a compreensão da humanidade sobre o seu lugar no universo.

Johannes Kepler (1571-1630)

- **Leis do movimento planetário**: Kepler formulou três leis do movimento planetário, com base em observações meticulosas das órbitas dos planetas, particularmente as de Marte. Estas leis descreviam a natureza elíptica das órbitas, a relação entre a velocidade orbital e a distância ao Sol, e a relação proporcional entre os quadrados dos períodos orbitais e os cubos das suas distâncias médias ao Sol.
- **Impacto**: As leis de Kepler forneceram um quadro matemático para o modelo heliocêntrico e abriram caminho para a teoria da gravitação de Newton.

Galileu Galilei (1564-1642)

- **Observações astronómicas**: A utilização do telescópio por Galileu levou a descobertas significativas, incluindo as luas de Júpiter, as fases de Vénus e a superfície rugosa da Lua. Essas observações forneceram fortes evidências para o modelo heliocêntrico.
- **A física e o método científico**: As experiências de Galileu sobre o movimento, tais como os seus estudos sobre a queda dos corpos e o princípio da inércia, desafiaram a física aristotélica e contribuíram para o desenvolvimento da mecânica clássica. Salientou a importância das provas empíricas e das descrições matemáticas na investigação científica.
- **Conflito com a Igreja**: O apoio de Galileu à teoria heliocêntrica levou-o a entrar em conflito com a Igreja Católica, o que levou ao seu julgamento e prisão domiciliária. Apesar disso, o seu trabalho teve um impacto duradouro na comunidade científica.

Isaac Newton (1643-1727)

- **Leis do Movimento e Gravitação Universal**. A obra de Newton "Philosophiæ Naturalis Principia Mathematica" (1687) formulou as três leis do movimento e a lei da gravitação universal. Estas leis forneceram um quadro abrangente para compreender o movimento dos objectos e as forças que actuam sobre eles.
- **Cálculo e ótica**: Newton deu contributos significativos para a matemática, nomeadamente o desenvolvimento do cálculo (independentemente de Leibniz), e para o estudo da ótica, incluindo o seu trabalho sobre a natureza da luz e da cor.
- **Impacto**: O trabalho de Newton unificou as ciências físicas sob um único quadro teórico

e marcou o culminar da Revolução Científica. As suas leis do movimento e da gravitação continuaram a ser a pedra angular da física até ao advento da relatividade e da mecânica quântica.

O surgimento do método científico

Francis Bacon (1561-1626)

- **Empirismo e raciocínio indutivo**: Bacon defendeu uma abordagem empírica à investigação científica, dando ênfase à recolha de dados através da observação e da experimentação. Promoveu o raciocínio indutivo, em que os princípios gerais são derivados de observações específicas.
- **Impacto**: As ideias de Bacon, articuladas em obras como "Novum Organum" (1620), lançaram as bases para o desenvolvimento do método científico e para a procura sistemática do conhecimento.

René Descartes (1596-1650)

- **Racionalismo e raciocínio dedutivo**: Descartes enfatizou o uso da razão e da lógica matemática na investigação científica. Defendia uma abordagem dedutiva, partindo de verdades evidentes e tirando conclusões específicas através do raciocínio lógico.
- **Impacto**: A ênfase de Descartes no racionalismo e as suas contribuições para a matemática, em particular para a geometria analítica, influenciaram o desenvolvimento do método científico e a integração da análise matemática na investigação científica.

Impacto em várias disciplinas científicas

Astronomia

- A mudança do modelo geocêntrico para o heliocêntrico revolucionou a astronomia, levando a uma compreensão mais exacta do sistema solar e da mecânica dos corpos celestes.
- O desenvolvimento de instrumentos de observação mais sofisticados, como o telescópio, permitiu estudos detalhados das estrelas, planetas e outros fenómenos celestes.

Física

- A formulação das leis do movimento e da gravitação universal por Newton proporcionou um quadro unificado para a compreensão do universo físico. Este facto marcou o início da mecânica clássica e preparou o terreno para futuros avanços na física.

- As experiências de Galileu sobre o movimento e a inércia desafiaram os pontos de vista tradicionais e lançaram as bases para o desenvolvimento da dinâmica.

Biologia

- Os avanços na microscopia por cientistas como Antonie van Leeuwenhoek e Robert Hooke levaram à descoberta de microrganismos e ao estudo pormenorizado das estruturas celulares, transformando o campo da biologia.
- O trabalho de William Harvey sobre a circulação do sangue, detalhado em "De Motu Cordis" (1628), proporcionou uma compreensão mecanicista do corpo humano e desafiou a fisiologia galénica tradicional.

Química

- A transição da alquimia para a química foi marcada pelo trabalho de Robert Boyle, que é frequentemente considerado o "Pai da Química Moderna". A ênfase de Boyle no rigor experimental e a formulação da Lei de Boyle (relacionando a pressão e o volume de um gás) foram marcos significativos.
- O desenvolvimento do conceito de elementos e compostos e a rejeição da teoria dos quatro elementos (terra, água, ar, fogo) lançaram as bases da teoria química moderna.

O papel das instituições e da comunicação

Sociedades e Academias Científicas

- A criação de sociedades e academias científicas desempenhou um papel crucial na promoção da colaboração e da comunicação entre cientistas. Estas instituições proporcionaram plataformas para o intercâmbio de ideias, a publicação de trabalhos de investigação e a divulgação de conhecimentos.
- A Royal Society de Londres (fundada em 1660) e a Academia Francesa de Ciências (fundada em 1666) estavam entre as instituições científicas mais proeminentes da época, contribuindo significativamente para o avanço da investigação científica.

Revistas científicas

- A publicação de revistas científicas, como a "Philosophical Transactions" (criada pela Royal Society em 1665), facilitou a divulgação dos resultados da investigação e o processo de revisão pelos pares, promovendo a transparência e a reprodutibilidade da investigação científica.

A Revolução Científica foi um período de profunda transformação que reformulou a compreensão do mundo natural por parte da humanidade. As contribuições de figuras-chave como Copérnico, Kepler, Galileu e Newton, juntamente com o desenvolvimento do método científico, lançaram as bases da ciência moderna. Os progressos registados na astronomia, física, biologia e química durante este período marcaram a transição do escolasticismo medieval para uma nova era de investigação empírica e pensamento racional. A criação de instituições científicas e a publicação da investigação facilitaram ainda mais o crescimento e a divulgação do conhecimento. O legado da Revolução Científica continua a influenciar a investigação científica contemporânea e a nossa procura permanente de compreensão do universo.

Os pensadores do Iluminismo e o seu impacto

O Século das Luzes, que decorreu entre o final do século XVII e o século XVIII, caracterizou-se por uma profunda ênfase na razão, na ciência e no intercâmbio intelectual. Os pensadores do Iluminismo, conhecidos como philosophes, desempenharam um papel crucial na contestação da autoridade tradicional e na defesa do progresso através do conhecimento, da racionalidade e da investigação científica. Esta secção explora os contributos dos principais pensadores do Iluminismo e o seu impacto duradouro em vários aspectos da sociedade, incluindo a política, a educação e os direitos humanos.

Principais pensadores do Iluminismo

John Locke (1632-1704)

- **O empirismo e a natureza do conhecimento**: Na sua obra seminal "An Essay Concerning Human Understanding" (1690), Locke defendeu que o conhecimento deriva da experiência sensorial. Afirmou que a mente é uma "tabula rasa" (tábua rasa) à nascença e que todas as ideias e conhecimentos são o resultado da experiência.

- **Filosofia política**: A obra de Locke "Two Treatises of Government" (1689) articulou a teoria do contrato social e dos direitos naturais, defendendo que o governo existe para proteger a vida, a liberdade e a propriedade dos indivíduos. Esta obra influenciou profundamente o pensamento político e o desenvolvimento da democracia moderna.

- **Impacto**: As ideias de Locke sobre o empirismo lançaram as bases da epistemologia moderna, enquanto as suas teorias políticas influenciaram as Revoluções Americana e Francesa e o desenvolvimento do governo constitucional.

René Descartes (1596-1650)

- **Racionalismo e dúvida metodológica**: Descartes é conhecido pela sua afirmação "Cogito, ergo sum" ("Penso, logo existo"). Nas suas "Meditações sobre a Filosofia Primeira" (1641), utilizou a dúvida metodológica para eliminar todas as incertezas e chegar a verdades fundamentais através da razão.
- **Matemática e ciências**: Descartes deu contributos significativos para a matemática, nomeadamente através do desenvolvimento da geometria cartesiana. Os seus trabalhos em ótica e física também contribuíram para a compreensão científica.
- **Impacto**: A ênfase de Descartes no racionalismo e no raciocínio dedutivo influenciou o desenvolvimento do método científico e da investigação filosófica, moldando a filosofia e a ciência modernas.

Voltaire (1694-1778)

- **Defensor da liberdade de pensamento**: Voltaire, um escritor prolífico e crítico social, defendeu a liberdade de pensamento, de expressão e de religião. As suas obras, como "Cândido" (1759) e "Cartas sobre os Ingleses" (1733), criticavam as instituições estabelecidas e promoviam os ideais iluministas.
- **Crítica ao dogma e à superstição**: Voltaire foi um crítico acérrimo do dogma religioso e da superstição, defendendo o deísmo e a religião racional.
- **Impacto**: A defesa das liberdades civis e as críticas de Voltaire à autoridade e aos dogmas influenciaram o desenvolvimento de sociedades seculares e democráticas, contribuindo para o clima intelectual que conduziu à Revolução Francesa.

Jean-Jacques Rousseau (1712-1778)

- **Filosofia da Educação**: Em "Émile, ou Sobre a Educação" (1762), Rousseau propôs que a educação deveria nutrir o desenvolvimento natural das crianças, enfatizando a importância da experiência e da individualidade.

- **Filosofia política**: "O Contrato Social" (1762) defende que a autoridade política legítima resulta de um contrato social acordado por indivíduos livres e iguais. Rousseau introduziu o conceito de "vontade geral", que representa os interesses colectivos do povo.
- **Impacto**: As ideias de Rousseau sobre educação influenciaram as teorias educativas progressistas, enquanto a sua filosofia política contribuiu para o pensamento revolucionário e para o desenvolvimento da governação democrática moderna.

Denis Diderot (1713-1784)

- **Projeto Encyclopédie**: Diderot, juntamente com Jean le Rond d'Alembert, editou a "Encyclopédie" (1751-1772), uma obra monumental que tinha como objetivo compilar e divulgar a totalidade do conhecimento humano. A Encyclopédie promoveu os ideais iluministas da razão, do progresso e do secularismo.
- **Contribuições filosóficas**: Os escritos filosóficos de Diderot, incluindo as suas reflexões sobre o materialismo e a ética, contribuíram para os debates intelectuais do seu tempo.
- **Impacto**: A "Encyclopédie" desempenhou um papel crucial na divulgação das ideias e conhecimentos do Iluminismo, promovendo o intercâmbio intelectual e desafiando a autoridade tradicional.

Barão de Montesquieu (1689-1755)

- **Teoria da Separação de Poderes**: Em "O Espírito das Leis" (1748), Montesquieu propôs a separação de poderes em três ramos do governo (executivo, legislativo e judicial) para evitar a tirania e garantir a liberdade política.
- **Impacto**: As ideias de Montesquieu influenciaram significativamente o desenvolvimento dos governos constitucionais modernos, sobretudo nos Estados Unidos e em França, moldando a estrutura das instituições democráticas.

Immanuel Kant (1724-1804)

- **Crítica da Razão Pura**: A "Crítica da Razão Pura" de Kant (1781) abordou as limitações e o alcance do conhecimento humano, argumentando que, embora o conhecimento empírico seja essencial, a mente também desempenha um papel ativo na estruturação da experiência.

- **Ética e Filosofia Moral**: Em obras como "Fundamentação da Metafísica da Moral" (1785), Kant introduziu o conceito de imperativo categórico, que postula que as acções morais são aquelas que podem ser aplicadas universalmente.
- **Impacto**: A obra de Kant colmatou o fosso entre o racionalismo e o empirismo, influenciando o pensamento filosófico subsequente e lançando as bases da ética e da epistemologia modernas.

Impacto na sociedade e na cultura

Pensamento político e governação democrática

- Os pensadores do Iluminismo contestaram o direito divino dos reis e as monarquias absolutas, defendendo os princípios da soberania popular, dos contratos sociais e dos direitos individuais. Estas ideias influenciaram o desenvolvimento dos Estados democráticos modernos e a redação de constituições, incluindo a Declaração de Independência Americana e a Declaração Francesa dos Direitos do Homem e do Cidadão.

Educação e investigação intelectual

- O Iluminismo realçou a importância da educação, do pensamento crítico e da divulgação do conhecimento. Este facto levou à criação de instituições de ensino e academias que promoviam a investigação científica, a literatura e a filosofia.
- A ênfase na razão e nas provas empíricas fomentou um espírito de curiosidade intelectual e de inovação, conduzindo a avanços em vários domínios do conhecimento.

- Direitos humanos e reformas sociais
- Os ideais iluministas de liberdade, igualdade e justiça contribuíram para a defesa dos direitos humanos e das reformas sociais. Pensadores como Mary Wollstonecraft, na sua obra "A Vindication of the Rights of Woman" (1792), defenderam a igualdade dos géneros e a educação das mulheres.
- O movimento abolicionista, que procurava acabar com a escravatura e promover a dignidade humana, foi também influenciado pelos princípios iluministas dos direitos humanos universais e da igualdade.

Avanços científicos e tecnológicos

- A aplicação da razão e dos métodos empíricos durante o Iluminismo conduziu a avanços científicos e tecnológicos significativos. Este período assistiu a avanços em domínios como a física, a química, a biologia e a engenharia, lançando as bases para a Revolução Industrial.
- Os pensadores do Iluminismo promoveram a ideia de que a ciência e a tecnologia podiam melhorar a vida humana e resolver problemas práticos, conduzindo a inovações que transformaram a sociedade.

Evolução cultural e artística

- O Iluminismo influenciou as expressões culturais e artísticas, promovendo temas como a razão, a natureza e o progresso. Este período assistiu ao florescimento da literatura, da música e das artes visuais que reflectiam os ideais iluministas.
- O desenvolvimento da música clássica, com compositores como Mozart e Beethoven, e o aparecimento da arte e arquitetura neoclássicas foram diretamente influenciados pela ênfase do Iluminismo na harmonia, proporção e racionalidade.

O Iluminismo foi um período de fermentação intelectual que teve um impacto profundo no desenvolvimento da sociedade moderna. Os pensadores do Iluminismo desafiaram a autoridade tradicional, promoveram a razão e a investigação empírica e defenderam os direitos individuais e o progresso social. As suas ideias influenciaram o desenvolvimento da governação democrática, o avanço da educação e da ciência e a promoção dos direitos humanos e das reformas sociais. O legado do Iluminismo continua a moldar o pensamento e as instituições contemporâneas, sublinhando a relevância duradoura da razão, do conhecimento e da procura do aperfeiçoamento humano.

Capítulo 3: A época dos Descobrimentos

O advento do método científico

A Era dos Descobrimentos, que decorreu entre o início do século XV e o século XVII, foi marcada por uma explosão de exploração, inovação e investigação científica. Foi durante este período que foram lançadas as bases do método científico, transformando a abordagem à compreensão do mundo natural. Este capítulo explora o desenvolvimento e o impacto do método científico, as figuras-chave que o defenderam e as profundas mudanças que trouxe à ciência e à sociedade.

A evolução da investigação científica

Abordagens medievais da ciência

- Durante o período medieval, a investigação científica foi fortemente influenciada pela filosofia aristotélica e pelo escolasticismo, que enfatizavam o raciocínio dedutivo e as interpretações teológicas dos fenómenos naturais.
- A ciência era frequentemente conduzida no âmbito da doutrina religiosa, com os filósofos naturais (os primeiros cientistas) a procurarem harmonizar as observações com as crenças teológicas estabelecidas.

A influência do Renascimento

- O Renascimento reavivou o interesse pela observação empírica e pelo estudo da natureza, inspirado nas obras dos antigos académicos gregos e romanos.
- Os humanistas enfatizavam o pensamento crítico e o estudo direto do mundo natural, lançando as bases intelectuais para o desenvolvimento do método científico.

O nascimento do método científico

Empirismo e experimentação

- O método científico surgiu como uma abordagem sistemática à investigação baseada em provas empíricas e na experimentação. Envolvia a observação de fenómenos, a formulação de hipóteses, a realização de experiências e a obtenção de conclusões.
- O empirismo, a ideia de que o conhecimento deriva da experiência sensorial, tornou-se a pedra angular da investigação científica. Este facto contrastava fortemente com a

confiança no raciocínio dedutivo e nos textos autorizados que caracterizavam a ciência medieval.

Figuras-chave no desenvolvimento do método científico

Francis Bacon (1561-1626)

- **Abordagem empírica**: Bacon é frequentemente considerado como o pai do empirismo. Em "Novum Organum" (1620), defendeu a recolha sistemática de dados através da observação e da experimentação para descobrir as leis da natureza.
- **Raciocínio indutivo**: Bacon enfatizou o raciocínio indutivo, em que os princípios gerais são derivados de observações específicas. Esta abordagem contrastava com o raciocínio dedutivo prevalecente no escolasticismo medieval.
- **Impacto**: As ideias de Bacon lançaram as bases do método científico, promovendo uma abordagem rigorosa à investigação que dava prioridade às provas empíricas em detrimento da autoridade estabelecida.

René Descartes (1596-1650)

- **Racionalismo e dúvida metodológica**: O "Discurso sobre o Método" de Descartes (1637) introduziu a dúvida metodológica, onde todas as suposições são questionadas até que apenas as verdades auto-evidentes permaneçam. Esta abordagem tinha como objetivo estabelecer uma base sólida para o conhecimento.
- **Raciocínio dedutivo**: Enquanto Bacon enfatizou a indução, Descartes destacou a importância da dedução, em que as conclusões são logicamente derivadas de princípios evidentes.
- **Impacto**: A ênfase de Descartes na dúvida sistemática e no uso da razão contribuiu para o desenvolvimento do método científico, complementando a abordagem empírica com uma análise lógica rigorosa.

Galileu Galilei (1564-1642)

- **Física experimental**: As experiências de Galileu sobre o movimento, tais como os seus estudos sobre a queda dos corpos e o princípio da inércia, exemplificam a utilização do método científico na física. Combinou a observação, a experimentação e a análise matemática para compreender os fenómenos naturais.

- **Observações astronómicas**: A utilização do telescópio por Galileu para observar os corpos celestes forneceu provas empíricas que puseram em causa o modelo geocêntrico do universo.
- **Impacto**: O trabalho de Galileu demonstrou o poder do método científico na descoberta de novos conhecimentos e na contestação de crenças estabelecidas, em especial nos domínios da física e da astronomia.

A institucionalização da ciência

Sociedades e Academias Científicas

- A criação de sociedades e academias científicas no século XVII desempenhou um papel crucial na promoção do método científico e no fomento da colaboração entre cientistas.
- **A Royal Society de Londres**: Fundada em 1660, a Royal Society tornou-se uma instituição líder na promoção da investigação científica e na publicação de descobertas científicas. O seu lema, "Nullius in verba" ("Não acredite na palavra de ninguém"), resumia o compromisso com a evidência empírica e a verificação independente.
- **A Academia Francesa de Ciências**: Fundada em 1666, a Academia Francesa contribuiu de forma semelhante para o avanço da ciência, apoiando a investigação e facilitando o intercâmbio de ideias entre cientistas.

Revistas científicas

- A publicação de revistas científicas, como a "Philosophical Transactions" (publicada pela primeira vez pela Royal Society em 1665), facilitou a divulgação dos resultados da investigação e o processo de revisão pelos pares. Isto promoveu a transparência, a reprodutibilidade e a partilha de conhecimentos no seio da comunidade científica.

O impacto do método científico

Avanços em várias disciplinas científicas

Astronomia

- A aplicação do método científico levou a avanços significativos na astronomia, particularmente através do trabalho de figuras como Copérnico, Kepler e Galileu. O modelo heliocêntrico e as leis de Kepler

Principais descobertas e invenções

A Era dos Descobrimentos foi um período marcado por avanços notáveis no domínio da ciência e da tecnologia. A aplicação do método científico conduziu a descobertas e invenções inovadoras que transformaram a nossa compreensão do mundo natural e tiveram um impacto profundo na sociedade. Esta secção analisa algumas das descobertas e invenções mais significativas da época, destacando as contribuições de figuras-chave e os efeitos duradouros do seu trabalho.

Astronomia

Nicolau Copérnico (1473-1543)

- **Teoria Heliocêntrica**: Copérnico propôs a ideia revolucionária de que o Sol, e não a Terra, era o centro do universo. A sua obra, "De revolutionibus orbium coelestium" (1543), desafiou o modelo geocêntrico, há muito aceite, e lançou as bases da astronomia moderna.

Johannes Kepler (1571-1630)

- **Leis do movimento planetário**: Kepler formulou três leis que descreviam as órbitas elípticas dos planetas, a relação entre a velocidade orbital e a distância ao Sol, e a relação proporcional entre os quadrados dos períodos orbitais e os cubos das suas distâncias ao Sol. As suas obras, "Astronomia nova" (1609) e "Harmonices Mundi" (1619), foram fundamentais para a compreensão do movimento planetário.

Galileu Galilei (1564-1642)

- **Observações telescópicas**: A utilização do telescópio por Galileu levou à descoberta das luas de Júpiter, das fases de Vénus, das manchas solares e da superfície rugosa da Lua. As suas observações forneceram fortes provas do modelo heliocêntrico e desafiaram a cosmologia aristotélica.

Física

Isaac Newton (1643-1727)

- **Leis do Movimento e Gravitação Universal**: A obra de Newton "Philosophiæ Naturalis Principia Mathematica" (1687) introduziu as três leis do movimento e a lei da gravitação universal. Estas leis forneceram um quadro abrangente para a compreensão do movimento dos objectos e das forças que actuam sobre eles, unificando a mecânica celeste e terrestre.

- **Impacto**: O trabalho de Newton marcou o culminar da Revolução Científica e lançou as bases da mecânica clássica, influenciando inúmeros desenvolvimentos posteriores na física e na engenharia.

Galileu Galilei

- **Cinemática e dinâmica**: As experiências de Galileu com planos inclinados e projécteis estabeleceram os princípios da inércia e da trajetória parabólica dos projécteis. A sua obra, "Diálogos sobre duas novas ciências" (1638), lançou as bases da mecânica clássica.

Química

Robert Boyle (1627-1691)

- **Lei de Boyle**: As experiências de Boyle com gases levaram à formulação da Lei de Boyle, que descreve a relação inversa entre a pressão e o volume de um gás. A sua obra, "The Sceptical Chymist" (1661), defendeu a importância das provas experimentais em química.
- **Impacto**: Os contributos de Boyle ajudaram a transição da química da alquimia para uma disciplina científica moderna, realçando a importância da experimentação e da análise quantitativa.

Antoine Lavoisier (1743-1794)

- **Lei da Conservação da Massa**: Lavoisier demonstrou que a massa não é criada nem destruída nas reacções químicas. A sua obra, "Traité élémentaire de chimie" (1789), lançou as bases da química moderna, introduzindo uma nomenclatura química sistemática e identificando o papel do oxigénio na combustão.
- **Impacto**: As descobertas de Lavoisier alteraram fundamentalmente a compreensão das reacções químicas e estabeleceram a base para o campo da química moderna.

Biologia e Medicina

William Harvey (1578-1657)

- **Circulação do sangue**: A obra de Harvey, "De Motu Cordis" (1628), forneceu uma descrição pormenorizada do sistema circulatório e do papel do coração no bombeamento do sangue para todo o corpo. A sua descoberta veio alterar séculos de ideias erradas sobre o corpo humano e a fisiologia.
- **Impacto**: O trabalho de Harvey lançou as bases da fisiologia e da medicina modernas, realçando a importância da observação direta e da experimentação.

Antonie van Leeuwenhoek (1632-1723)

- **Microscopia e Microbiologia**: As melhorias introduzidas por Leeuwenhoek no microscópio permitiram-lhe observar e descrever microorganismos, incluindo bactérias, protozoários e espermatozóides. As suas descobertas abriram um mundo até então desconhecido e lançaram as bases da microbiologia.
- **Impacto**: As observações de Leeuwenhoek desafiaram as crenças existentes sobre a vida e a doença, levando a avanços significativos na biologia e na medicina.

Inovações tecnológicas

Prensa tipográfica (Johannes Gutenberg, c. 1440)

- **Revolução na disseminação da informação**: A invenção da imprensa de tipos móveis por Gutenberg revolucionou a produção de livros e a disseminação do conhecimento. Facilitou a difusão de ideias científicas, tornando os livros mais acessíveis e económicos.
- **Impacto**: A imprensa desempenhou um papel crucial na difusão das ideias do Renascimento e do Iluminismo, permitindo o rápido intercâmbio de conhecimentos científicos e promovendo um público informado.

Telescópio (Hans Lippershey, Galileu Galilei, 1608-1609)

- **Descobertas astronómicas**: A invenção do telescópio permitiu aos astrónomos observar os corpos celestes com um detalhe sem precedentes. A utilização do telescópio por Galileu levou a descobertas significativas que puseram em causa o modelo geocêntrico do universo.
- **Impacto**: O telescópio transformou o campo da astronomia, levando a uma compreensão mais profunda do cosmos e inspirando novos avanços tecnológicos.

Microscópio (Zacharias Janssen, Antonie van Leeuwenhoek, início do século XVII)

- **Descoberta do mundo microscópico**: O desenvolvimento do microscópio abriu o mundo dos microorganismos, células e estruturas microscópicas, revolucionando a biologia e a medicina.
- **Impacto**: O microscópio permitiu aos cientistas explorar os blocos de construção fundamentais da vida, conduzindo a avanços na microbiologia, biologia celular e investigação médica.

Barómetro (Evangelista Torricelli, 1643)

- **Medição da pressão atmosférica**: A invenção do barómetro por Torricelli proporcionou um meio de medir a pressão atmosférica, levando a uma melhor compreensão dos padrões climáticos e das propriedades dos gases.
- **Impacto**: O barómetro contribuiu para o desenvolvimento da meteorologia e para o estudo da atmosfera terrestre, influenciando áreas como a química e a física.

O impacto das descobertas e invenções

Avanços científicos

- As descobertas e invenções da Era dos Descobrimentos lançaram as bases da ciência moderna, estabelecendo princípios e métodos que continuam a sustentar a investigação científica.
- Este período assistiu ao nascimento de disciplinas científicas fundamentais, incluindo a física, a química, a biologia e a astronomia, cada uma das quais registou avanços significativos.

Progresso tecnológico

- As inovações tecnológicas durante a Era dos Descobrimentos facilitaram a exploração, a comunicação e a difusão do conhecimento. Invenções como a imprensa, o telescópio e o microscópio revolucionaram a forma como as pessoas interagiam com a informação e o mundo natural.
- Estas tecnologias tiveram impactos profundos na sociedade, conduzindo a uma maior literacia, à democratização do conhecimento e à aceleração do progresso científico e

tecnológico.

Transformação social e cultural

- Os avanços da ciência e da tecnologia durante este período contribuíram para os movimentos culturais e intelectuais mais alargados do Renascimento e do Iluminismo. A ênfase na evidência empírica, no pensamento crítico e no método científico desafiou a autoridade e o dogma tradicionais.
- As descobertas e invenções da Era dos Descobrimentos tiveram efeitos de grande alcance na filosofia, educação, política e religião, moldando o desenvolvimento do pensamento e da sociedade ocidental moderna.

Exploração e intercâmbio global

- A Era dos Descobrimentos foi também marcada por uma vasta exploração global, que levou à troca de bens, ideias e conhecimentos entre diferentes culturas. Os avanços na navegação, como o desenvolvimento de mapas mais precisos e de instrumentos como o astrolábio e o sextante, facilitaram as viagens marítimas de longa distância.
- Este período de exploração e intercâmbio teve um impacto profundo no comércio mundial, nas interacções culturais e na expansão do conhecimento científico.

A Era dos Descobrimentos foi um período transformador na história da humanidade, caracterizado por descobertas e invenções revolucionárias que reformularam a nossa compreensão do mundo natural.

A aplicação do método científico e as contribuições de figuras-chave em várias disciplinas científicas lançaram as bases da ciência moderna. As inovações tecnológicas facilitaram a exploração, a comunicação e a difusão do conhecimento, conduzindo a profundas transformações sociais e culturais. O legado da Era dos Descobrimentos continua a influenciar a ciência, a tecnologia e a sociedade contemporâneas, sublinhando o impacto duradouro desta época notável.

A expansão do conhecimento científico

Durante a Era dos Descobrimentos, o conhecimento científico expandiu-se exponencialmente em várias disciplinas, impulsionado pela exploração, experimentação e desenvolvimento de métodos sistemáticos de investigação. Este período, que decorreu entre os séculos XV e XVII, registou avanços sem precedentes na compreensão do mundo natural, lançando as bases da ciência moderna. Esta secção explora os principais desenvolvimentos, as contribuições de figuras notáveis e o profundo impacto da expansão do conhecimento científico durante esta era transformadora.

Avanços em Astronomia

Revolução Copernicana

- **Modelo Heliocêntrico**: Nicolau Copérnico (1473-1543) propôs a teoria heliocêntrica, desafiando a visão geocêntrica de que a Terra era o centro do universo. A sua obra seminal, "De revolutionibus orbium coelestium" (1543), iniciou uma mudança de paradigma na astronomia, lançando as bases da mecânica celeste moderna.
- **Leis de Kepler**: Johannes Kepler (1571-1630) formulou três leis do movimento planetário com base numa observação meticulosa e numa análise matemática. As suas leis descreviam as órbitas elípticas dos planetas em torno do Sol e quantificavam a relação entre os seus períodos orbitais e as distâncias ao Sol.

Galileu Galilei

- **Observações telescópicas**: O uso do telescópio por Galileu revolucionou a astronomia ao revelar fenómenos celestes que desafiavam as teorias astronómicas existentes. As suas observações das luas de Júpiter, das manchas solares e das fases de Vénus forneceram provas convincentes do modelo heliocêntrico e do sistema copernicano.

Avanços em Física

Mecânica newtoniana

- **Leis do movimento**: Isaac Newton (1643-1727) formulou as três leis do movimento e a lei da gravitação universal na sua obra monumental, "Philosophiæ Naturalis Principia Mathematica" (1687). Estas leis forneceram uma explicação unificada para a mecânica terrestre e celeste, estabelecendo a mecânica clássica como uma pedra angular da física.
- **Formulações matemáticas**: As formulações matemáticas de Newton introduziram o cálculo, que revolucionou a matemática e forneceu uma ferramenta poderosa para analisar os fenómenos físicos.

Física Experimental

- **Contributos de Galileu**: Galileu Galilei realizou experiências pioneiras sobre o movimento e a gravidade, tais como os seus estudos sobre a queda dos corpos e os princípios da inércia. O seu trabalho lançou as bases para o método experimental na física, enfatizando a importância da observação empírica e da análise quantitativa.

Desenvolvimento da Química

As raízes alquímicas da química científica

- **Transição para o método científico**: A Era dos Descobrimentos testemunhou a transição da alquimia, que se centrava em transformações místicas, para a química científica, baseada na observação empírica e na experimentação.

- **Lei de Boyle**: Robert Boyle (1627-1691) formulou a Lei de Boyle, que descreve a relação inversa entre a pressão e o volume de um gás. A sua obra, "The Sceptical Chymist" (1661), lançou as bases da química moderna, defendendo a utilização de métodos experimentais e rejeitando os princípios alquímicos.

Lavoisier e a revolução química

- **Lei da Conservação da Massa**: Antoine Lavoisier (1743-1794) demonstrou que a massa é conservada nas reacções químicas, alterando fundamentalmente a compreensão dos processos químicos. A sua obra, "Traité élémentaire de chimie" (1789), introduziu uma nomenclatura química sistemática e realçou a importância da análise quantitativa.

Avanços em Biologia e Medicina

Harvey e o sistema circulatório

- **Circulação do sangue**: William Harvey (1578-1657) forneceu uma descrição pormenorizada do sistema circulatório e do papel do coração no bombeamento do sangue para todo o corpo. A sua obra, "De Motu Cordis" (1628), derrubou equívocos seculares sobre a fisiologia humana e lançou as bases da fisiologia e medicina modernas.

Descobertas Microscópicas

- **O Microscópio de Leeuwenhoek**: Antonie van Leeuwenhoek (1632-1723) desenvolveu poderosos microscópios e fez observações inovadoras de organismos microscópicos, incluindo bactérias e protozoários. As suas descobertas abriram o campo da microbiologia e transformaram a compreensão do mundo invisível dos microrganismos.

Inovações tecnológicas

Prensa de impressão

- **Disseminação do conhecimento**: A invenção da prensa de tipos móveis por Johannes Gutenberg, por volta de 1440, revolucionou a produção e a distribuição de livros. Esta inovação tecnológica democratizou o acesso ao conhecimento, facilitando a difusão de ideias e avanços científicos.

Telescópio e Microscópio

- **Avanços na observação**: O desenvolvimento do telescópio por Hans Lippershey e Galileu Galilei, e do microscópio por Zacharias Janssen e Antonie van Leeuwenhoek, permitiu aos cientistas observar corpos celestes e organismos microscópicos com uma clareza sem precedentes. Estas invenções desempenharam um papel crucial na expansão do conhecimento científico e na realização de novas descobertas.

Impacto na sociedade e na cultura

Renascimento intelectual e cultural

- A expansão do conhecimento científico durante a Era dos Descobrimentos alimentou o Renascimento intelectual e cultural da época. Inspirou um espírito de investigação, pensamento crítico e observação empírica que desafiou as crenças tradicionais e lançou as bases para o Iluminismo.

Transformação tecnológica e económica

- Os avanços científicos e as inovações tecnológicas conduziram a profundas transformações na tecnologia, na indústria e no comércio mundial. O desenvolvimento de instrumentos de navegação, como o astrolábio e o sextante, facilitou a exploração de longas distâncias e as rotas comerciais, contribuindo para a expansão económica e o intercâmbio cultural.

Legado e influência contínua

- A expansão do conhecimento científico durante a Era dos Descobrimentos lançou as bases da ciência moderna e estabeleceu princípios de observação empírica, experimentação e análise matemática que continuam a moldar a investigação científica atual. O legado deste período inclui avanços na astronomia, física, química, biologia e medicina que tiveram um impacto duradouro na compreensão humana e no progresso tecnológico.

A expansão do conhecimento científico durante a Era dos Descobrimentos foi um período transformador na história da humanidade, marcado por avanços sem precedentes na compreensão do mundo natural. Desde a Revolução Copernicana na astronomia até à formulação da mecânica newtoniana e ao desenvolvimento da química e da biologia modernas, esta era lançou as bases da ciência moderna. O impacto das descobertas científicas e das inovações tecnológicas durante este período continua a repercutir-se na ciência, tecnologia e sociedade contemporâneas, sublinhando o legado duradouro desta notável era de exploração e esclarecimento.

Capítulo 4: A era moderna da ciência

O salto quântico

A era moderna da ciência, que vai desde o final do século XIX até à atualidade, representa um período de profunda transformação caracterizado por avanços revolucionários em várias disciplinas científicas. No centro desta transformação está o desenvolvimento da teoria quântica, que desafiou fundamentalmente a física clássica e deu início a uma nova compreensão do mundo microscópico. Este capítulo explora o surgimento da mecânica quântica, os seus princípios fundamentais, figuras notáveis e as implicações de longo alcance desta mudança de paradigma na ciência.

O nascimento da mecânica quântica

Contexto do início do século XX

- No início do século XX, a física clássica, baseada na mecânica newtoniana e nas equações do eletromagnetismo de Maxwell, tinha explicado com sucesso grande parte do universo observável. No entanto, certos fenómenos, como o comportamento da luz e a natureza dos espectros atómicos, desafiavam as explicações clássicas.

A hipótese quântica de Planck

- **Radiação de corpo negro**: Em 1900, Max Planck introduziu o conceito de níveis de energia quantizados para explicar o espetro da radiação emitida por objectos aquecidos (radiação de corpo negro). Planck propôs que a energia é emitida e absorvida em pacotes discretos, ou quanta, e não continuamente.
- **Constante de Planck**: A formulação de Planck introduziu a constante fundamental hhh, atualmente conhecida como constante de Planck, que quantifica a relação entre a energia e a frequência da radiação.

O efeito fotoelétrico de Einstein

- **Natureza de partícula da luz**: Em 1905, Albert Einstein propôs que a luz se comporta não só como uma onda, mas também como pacotes discretos de energia, ou fotões. Esta explicação do efeito fotoelétrico forneceu mais provas da natureza quântica da radiação electromagnética.

Desenvolvimento da Mecânica Quântica

Dualidade onda-partícula

- **Comprimento de onda de De Broglie**: Em 1924, Louis de Broglie propôs que as partículas, como os electrões, exibem propriedades ondulatórias e propriedades particulatórias. Introduziu o conceito de dualidade onda-partícula, em que as partículas têm características de onda descritas pelo seu comprimento de onda.

Princípio da Incerteza de Heisenberg

- **Limites da medição**: Werner Heisenberg formulou o princípio da incerteza em 1927, que afirma que é impossível medir simultaneamente a posição e o momento (ou energia) de uma partícula com uma precisão arbitrária. Este princípio introduziu limites inerentes ao nosso conhecimento dos sistemas quânticos.

Equação de onda de Schrodinger

- **Formulação matemática**: Erwin Schrödinger desenvolveu a equação de onda em 1926, que descreve a forma como o estado quântico de um sistema físico se altera ao longo do tempo. A equação de Schrödinger forneceu uma estrutura para o cálculo da distribuição de probabilidade de partículas em sistemas quânticos.

Princípios fundamentais da mecânica quântica

Quantização e Discretude

- A mecânica quântica introduziu o conceito de quantização, em que as quantidades físicas, como os níveis de energia, o momento angular e a posição, são discretas e não contínuas. Este afastamento da física clássica alterou profundamente a nossa compreensão do comportamento da matéria e da energia em escalas microscópicas.

Função de onda e probabilidade

- A função de onda na mecânica quântica descreve a amplitude da probabilidade de encontrar uma partícula num determinado estado. Ao contrário da física clássica determinista, a mecânica quântica prevê os resultados de forma probabilística, reflectindo a incerteza inerente aos sistemas quânticos.

Superposição e emaranhamento

- **Superposição**: Os sistemas quânticos podem existir em múltiplos estados simultaneamente, o que é conhecido como sobreposição. Este princípio permite fenómenos como os padrões de interferência no comportamento ondulatório e constitui a base da computação quântica.
- **Emaranhamento**: O emaranhamento quântico descreve um fenómeno em que os estados quânticos de duas ou mais partículas se correlacionam, independentemente da distância entre elas. O emaranhamento tem implicações na teoria da informação quântica e nos fundamentos da mecânica quântica.

Aplicações e implicações

Tecnologia Quântica

- A mecânica quântica conduziu ao desenvolvimento de tecnologias como os lasers, os dispositivos semicondutores, a imagiologia por ressonância magnética (IRM) e a computação quântica. Estas tecnologias tiram partido dos fenómenos quânticos para atingir níveis sem precedentes de precisão e poder computacional.

Desafios fundamentais aos pontos de vista clássicos

- Os princípios da mecânica quântica desafiam as noções clássicas de determinismo, causalidade e realidade objetiva. Os fenómenos quânticos, como a dualidade onda-partícula e a não-localidade, desafiam a compreensão intuitiva e continuam a provocar debates filosóficos sobre a natureza da realidade.

Teoria quântica moderna dos campos

- A teoria quântica dos campos (TQC) alarga a mecânica quântica de modo a abranger os campos, proporcionando um quadro para a compreensão das interacções das partículas e das forças fundamentais. A TQC está na base do Modelo Padrão da física das partículas, que descreve as forças electromagnética, fraca e nuclear forte.

Impacto cultural e filosófico

Revolução no pensamento científico

- O advento da mecânica quântica representou uma mudança de paradigma no pensamento científico, levando cientistas e filósofos a reconsiderar pressupostos fundamentais sobre a natureza da matéria, da energia e do universo. A mecânica quântica desafiou o determinismo da física clássica e enfatizou o papel da probabilidade e da incerteza.

Influência nas artes e na cultura

- Os conceitos quânticos, como a incerteza e a interconexão, influenciaram a literatura, a arte e a filosofia, inspirando novas perspectivas sobre a existência humana, a consciência e a interconexão de todas as coisas.

O advento da mecânica quântica no início do século XX marcou um salto revolucionário na compreensão científica, desafiando a física clássica e transformando a nossa perceção do mundo natural. Desde a dualidade onda-partícula e o princípio da incerteza até ao emaranhamento e sobreposição quânticos, a mecânica quântica introduziu conceitos profundos que continuam a moldar a ciência e a tecnologia modernas. As implicações culturais e filosóficas da mecânica quântica vão para além da investigação científica, inspirando novas formas de pensar sobre a realidade, a consciência e a interligação do universo. A era moderna da ciência, sintetizada pelo salto quântico da mecânica quântica, sublinha a evolução contínua do conhecimento humano e a nossa busca incessante para desvendar os mistérios da existência.

A Relatividade e o Cosmos

O conceito de relatividade, desenvolvido por Albert Einstein no início do século XX, revolucionou a nossa compreensão do espaço, do tempo e da gravidade. Este tópico explora as teorias da relatividade especial e geral de Einstein, as suas implicações para a cosmologia e o seu impacto duradouro na nossa perceção do cosmos.

Teoria da Relatividade Especial

Postulados de Einstein

- **Constância da Velocidade da Luz**: Einstein postulou que a velocidade da luz no vácuo é constante para todos os observadores, independentemente do seu movimento ou do movimento da fonte de luz. Este princípio desafiou as noções clássicas de espaço e tempo.

Dilatação do tempo e contração do comprimento

- **Efeitos relativistas**: De acordo com a relatividade especial, o tempo dilata-se (abranda) e os comprimentos contraem-se na direção do movimento para objectos que se movem a velocidades próximas da velocidade da luz. Estes efeitos tornam-se significativos a velocidades que se aproximam da velocidade da luz.

Relatividade da simultaneidade

- **Ordenação Temporal**: A relatividade especial afirma que a simultaneidade é relativa - acontecimentos que parecem simultâneos num referencial podem não ser simultâneos noutro referencial em movimento. Este conceito resulta do facto de diferentes observadores poderem discordar quanto ao momento dos acontecimentos, dependendo do seu movimento relativo.

Teoria Geral da Relatividade

Princípio da equivalência

- **A gravidade como curvatura**: A teoria geral da relatividade de Einstein, formulada em 1915, propõe que a gravidade surge da curvatura do espaço-tempo causada pela presença de massa e energia. Objectos maciços, como planetas e estrelas, curvam o tecido do espaço-tempo, fazendo com que outros objectos se movam ao longo de trajectórias curvas.

Espaço-tempo curvo e deteção gravitacional

- **Geodésicas**: Na relatividade geral, o movimento dos objectos (incluindo a luz) é regido por geodésicas - os caminhos mais curtos no espaço-tempo curvo. A lente gravitacional ocorre quando a luz se curva em torno de objectos maciços devido à curvatura do espaço-tempo, fornecendo provas observacionais para a teoria de Einstein.

Previsões e confirmações

- **Deslocamento do Periélio de Mercúrio**: A relatividade geral prevê com precisão a precessão anómala da órbita de Mercúrio, que não pode ser explicada apenas pela gravidade newtoniana.

- **Desvio para o vermelho gravitacional**: A teoria prevê que a luz emitida por um campo gravitacional apareça desviada para o vermelho (o seu comprimento de onda esticado), tal como se observa em observações astronómicas.

Implicações cosmológicas

Universo em expansão

- **Modelos de Friedmann**: Com base na relatividade geral, Alexander Friedmann desenvolveu modelos de um universo em expansão na década de 1920. Estes modelos lançaram as bases da cosmologia moderna, descrevendo a evolução do Universo desde um estado inicial quente e denso (Big Bang) até ao seu estado atual de expansão cósmica.

Radiação cósmica de fundo em micro-ondas (CMB)

- **Eco do Big Bang**: A descoberta da radiação cósmica de fundo em micro-ondas, em 1964, forneceu fortes evidências para a teoria do Big Bang, que é consistente com as previsões da relatividade geral. A CMB é o calor residual do universo primitivo, observado uniformemente em todo o céu.

Matéria negra e energia negra

- **Constantes Cosmológicas**: Einstein introduziu inicialmente uma constante cosmológica (JI) nas suas equações para manter um universo estático, abandonando-a mais tarde. Observações recentes sugerem a existência de matéria escura (que interage gravitacionalmente mas não electromagneticamente) e energia escura (que acelera a expansão do Universo), ambas as quais permanecem misteriosas e são temas de investigação em curso.

Impacto tecnológico e cultural

GPS e correcções relativísticas

- **Navegação de precisão**: O sistema de posicionamento global (GPS) depende de uma cronometragem exacta do tempo, que incorpora correcções baseadas na relatividade especial e geral. Os relógios dos satélites GPS sofrem uma dilatação do tempo devido às suas altas velocidades e altitudes orbitais, necessitando de ajustes para uma determinação precisa da localização na Terra.

Popularidade e compreensão do público

- **Estatuto de ícone**: As teorias da relatividade de Einstein alcançaram um estatuto icónico na cultura popular, simbolizando o génio científico e desafiando o pensamento convencional sobre o espaço, o tempo e a natureza da realidade.
- **Impacto educativo**: Os conceitos da relatividade continuam a cativar a imaginação do público e a inspirar o interesse pela física e pela cosmologia, influenciando a literatura, a arte e o discurso filosófico.

A teoria da relatividade, que engloba a relatividade especial e a relatividade geral, representa o auge da realização intelectual humana, reformulando a nossa compreensão do cosmos, tanto à escala mais pequena como à escala maior. Desde os efeitos relativistas da dilatação do tempo e da contração do comprimento até à curvatura do espaço-tempo e ao universo em expansão, as teorias de Einstein forneceram um enquadramento para a cosmologia moderna e a física gravitacional. As aplicações tecnológicas da relatividade, como a navegação por GPS, sublinham o seu significado prático na sociedade contemporânea. Além disso, o impacto cultural da relatividade estende-se para além da ciência, influenciando o pensamento artístico e filosófico e promovendo uma apreciação mais profunda da interligação entre o espaço, o tempo e o universo. À medida que continuamos a explorar os mistérios do cosmos, a relatividade continua a ser uma pedra angular da nossa busca para desvendar as leis fundamentais que regem o universo.

Avanços em Biologia e Medicina

O domínio da biologia e da medicina registou avanços notáveis ao longo dos últimos séculos, impulsionados por descobertas, inovações tecnológicas e aplicação de princípios científicos. Este tópico explora os principais desenvolvimentos e descobertas e o seu impacto na compreensão dos processos vitais e na melhoria da saúde humana.

Marcos iniciais da biologia

Teoria celular

- **Schwann e Schleiden**: Na década de 1830, Theodor Schwann e Matthias Schleiden propuseram a teoria celular, que afirma que todos os organismos vivos são compostos por células. Esta teoria lançou as bases da biologia celular moderna e revolucionou a nossa compreensão da estrutura e função dos organismos.

Teoria da evolução

- **A teoria de Darwin**: A teoria da evolução por seleção natural de Charles Darwin, apresentada em "On the Origin of Species" (1859), explica como as espécies evoluem ao longo do tempo através de mudanças e adaptações graduais. O trabalho de Darwin forneceu um quadro unificador para a compreensão da diversidade da vida na Terra.

Inovações na medicina

Teoria Germinal da Doença

- **Pasteur e Koch**: Louis Pasteur e Robert Koch desenvolveram, de forma independente, a teoria germinal das doenças no final do século XIX. Demonstraram que muitas doenças são causadas por microrganismos (germes), como bactérias e vírus, marcando uma mudança fundamental na compreensão médica e abrindo caminho para medidas preventivas e tratamentos.

Vacinação e imunologia

- **A vacina de Jenner contra a varíola**: O desenvolvimento da vacina contra a varíola por Edward Jenner em 1796 foi um marco na imunologia. Ao inocular indivíduos com o vírus da varíola bovina, Jenner demonstrou imunidade contra a varíola, levando à eventual erradicação da doença através de campanhas de vacinação.

Avanços biomédicos modernos

Genética e ADN

- **Genética Mendeliana**: As experiências de Gregor Mendel com plantas de ervilha, em meados do século XIX, estabeleceram os princípios da hereditariedade, lançando as bases da genética moderna. A genética mendeliana explica como as características são transmitidas de uma geração para a seguinte através de unidades discretas, ou genes.

- **Descoberta do ADN**: Em 1953, James Watson e Francis Crick elucidaram a estrutura do ADN (ácido desoxirribonucleico), uma dupla hélice composta por pares de bases nucleotídicas. Esta descoberta revolucionou a genética e a biologia molecular, fornecendo conhecimentos sobre hereditariedade, mutações genéticas e a base molecular da vida.

Biologia Molecular e Biotecnologia

- **PCR e Sequenciação de ADN**: A reação em cadeia da polimerase (PCR), desenvolvida por Kary Mullis em 1983, revolucionou a análise do ADN ao permitir a amplificação rápida de sequências de ADN. A PCR tem inúmeras aplicações em genética, medicina legal e diagnóstico médico.
- **Tecnologia CRISPR-Cas9**: A CRISPR-Cas9, descoberta em 2012, revolucionou a engenharia genética ao permitir a edição precisa de sequências de ADN. Esta tecnologia é promissora no tratamento de doenças genéticas, na criação de organismos geneticamente modificados e no avanço da medicina personalizada.

Avanços em Medicina e Saúde Pública

Imagiologia médica

- **Raios X e ressonância magnética**: A descoberta dos raios X por Wilhelm Roentgen em 1895 revolucionou o diagnóstico médico ao permitir que os médicos visualizassem estruturas internas sem procedimentos invasivos. A ressonância magnética (RM), desenvolvida na década de 1970, fornece imagens detalhadas de tecidos moles e órgãos.

Inovações farmacêuticas

- **Antibióticos**: A descoberta da penicilina por Alexander Fleming em 1928 marcou o início dos antibióticos, que revolucionaram o tratamento de infecções bacterianas e salvaram inúmeras vidas. Os antibióticos continuam a ser uma pedra angular da medicina moderna, embora a resistência aos antibióticos represente um desafio crescente.

Iniciativas de saúde pública

- **Programas de vacinação**: As campanhas de vacinação em massa erradicaram ou controlaram com êxito numerosas doenças infecciosas em todo o mundo, incluindo a varíola e a poliomielite. As vacinas evitam milhões de mortes todos os anos e são fundamentais para manter a segurança sanitária mundial.

Investigação biomédica e direcções futuras

Medicina regenerativa

- **Investigação em células estaminais**: Os avanços na biologia das células estaminais são promissores para regenerar tecidos e órgãos danificados, tratar doenças degenerativas e compreender os processos de desenvolvimento.

Medicina de precisão

- **Genómica e tratamento personalizado**: O advento da genómica e da bioinformática permite abordagens de medicina personalizada adaptadas aos perfis genéticos individuais, melhorando os resultados do tratamento e minimizando os efeitos adversos.

Considerações éticas e sociais

- **Desafios éticos**: Os avanços biomédicos levantam dilemas éticos relativamente à engenharia genética, à clonagem humana e à utilização de células estaminais embrionárias. Os quadros e regulamentos éticos são cruciais para orientar a investigação científica e a prática médica responsáveis.

Os avanços na biologia e na medicina transformaram a nossa compreensão dos processos vitais e revolucionaram as práticas de cuidados de saúde. Desde a descoberta das células e o desenvolvimento de vacinas até à elucidação da estrutura do ADN e ao advento da medicina de precisão, os avanços científicos continuam a melhorar a saúde humana e a qualidade de vida. A investigação em curso no domínio da genética, da biologia molecular e da medicina regenerativa é promissora para enfrentar os actuais desafios em matéria de saúde e fazer avançar a inovação biomédica. No entanto, as considerações éticas e os impactos sociais devem ser cuidadosamente abordados para garantir que o progresso científico seja conduzido de forma responsável e beneficie a sociedade como um todo. À medida que navegamos nas complexidades da investigação biomédica e da prestação de cuidados de saúde, a procura de conhecimentos e de inovação continua a ser essencial para moldar o futuro da biologia e da medicina.

Capítulo 5: O futuro da ciência

Tecnologias emergentes

O futuro da ciência é cada vez mais moldado por uma vaga de tecnologias emergentes, preparadas para redefinir indústrias, normas sociais e a nossa compreensão do universo. Este capítulo investiga a vanguarda dos avanços tecnológicos em várias disciplinas, explorando o seu potencial impacto e desafios.

Inteligência Artificial (IA) e Aprendizagem Automática

- **Aprendizagem profunda**: Algoritmos de IA capazes de aprender a partir de grandes quantidades de dados, revolucionando áreas como o diagnóstico de cuidados de saúde, veículos autónomos e recomendações personalizadas.
- **Sistemas autónomos**: A robótica e a automatização impulsionada pela IA estão a transformar as indústrias transformadoras, a logística e os serviços, levantando questões sobre a deslocação de postos de trabalho e a utilização ética da IA.

Computação quântica

- **Poder computacional**: Os computadores quânticos prometem aumentos exponenciais de velocidade para resolver problemas complexos de criptografia, ciência dos materiais e descoberta de medicamentos através do paralelismo quântico e do emaranhamento.
- **Desafios**: A superação de obstáculos técnicos, como a manutenção da coerência quântica e a escalabilidade, continua a ser fundamental para as aplicações práticas.

Biotecnologia e genética

- **CRISPR-Cas9**: Tecnologia de edição de genes que permite modificações precisas no ADN, oferecendo potenciais tratamentos para doenças genéticas e avanços na agricultura.
- **Debates éticos**: As discussões em torno do melhoramento genético, da edição da linha germinal e do acesso equitativo às inovações biotecnológicas moldam os quadros éticos.

Exploração espacial e tecnologias aeroespaciais

- **Voos espaciais comerciais**: Empresas privadas como a SpaceX e a Blue Origin estão a impulsionar a inovação em foguetões reutilizáveis, na implantação de satélites e em missões lunares, dando início a uma nova era de acessibilidade ao espaço.

- **Fronteiras de exploração**: A robótica, a IA e os sistemas de propulsão avançados estão a permitir missões ambiciosas a Marte, à Lua e mais além, alargando os limites da exploração humana.

Energias renováveis e sustentabilidade

- **Tecnologias limpas**: Os avanços nas tecnologias solar, eólica e de armazenamento de energia estão a acelerar a mudança para fontes de energia sustentáveis, abordando as alterações climáticas e a segurança energética.
- **Impacto ambiental**: Equilibrar o avanço tecnológico com a sustentabilidade ambiental requer inovações na reciclagem, na eficiência dos recursos e na redução das pegadas de carbono.

Nanotecnologia e ciência dos materiais

- **Nanomateriais**: Materiais de engenharia à escala nanométrica para propriedades melhoradas em eletrónica, medicina e remediação ambiental, com implicações para a eficiência e sustentabilidade.
- **Considerações sobre segurança**: A compreensão dos riscos potenciais das nanopartículas para a saúde humana e os ecossistemas é crucial para uma utilização responsável.

Considerações éticas

O ritmo acelerado dos avanços tecnológicos levanta questões éticas profundas que exigem uma análise cuidadosa e uma regulamentação proactiva:

- **Privacidade e vigilância**: A IA e a análise de grandes volumes de dados desafiam as noções tradicionais de privacidade e suscitam preocupações quanto às capacidades de vigilância e aos direitos individuais.
- **Preconceito e equidade**: Os enviesamentos algorítmicos nos sistemas de IA podem perpetuar as desigualdades sociais, exigindo transparência e equidade no desenvolvimento e na aplicação de algoritmos.
- **Armas autónomas**: O desenvolvimento e a utilização de armas autónomas estão

rodeados de debates éticos que exigem acordos internacionais sobre a sua regulamentação e utilização.

Os limites do conhecimento humano

A exploração dos limites da compreensão humana e da investigação científica engloba dimensões filosóficas e práticas:

- **Física Fundamental**: Desvendar os mistérios da matéria negra, da energia negra e das forças fundamentais do universo através de experiências em física de partículas e cosmologia.
- **Sistemas complexos**: Estudo de fenómenos emergentes em sistemas biológicos, ecológicos e socioeconómicos, integrando abordagens interdisciplinares para enfrentar desafios globais.
- **Consciência e IA**: Compreender a consciência, a inteligência e as implicações éticas da criação de seres artificiais através da IA e das neurotecnologias.

O futuro da ciência está situado na intersecção de avanços tecnológicos sem precedentes, considerações éticas e a procura contínua de expandir as fronteiras do conhecimento humano. À medida que aproveitamos as tecnologias emergentes, como a IA, a computação quântica e a biotecnologia, é crucial navegar pelos dilemas éticos, garantir um acesso equitativo aos benefícios e promover práticas sustentáveis. A exploração das fronteiras do conhecimento humano, desde a exploração espacial até à compreensão das complexidades da vida e da consciência, desafia-nos a repensar o nosso lugar no universo e as responsabilidades que acompanham o progresso científico. Ao adotar a colaboração, a gestão ética e um compromisso com a inovação orientada para o conhecimento, podemos orientar o futuro da ciência para soluções que beneficiem toda a humanidade, salvaguardando simultaneamente o planeta para as gerações futuras.

Conclusão

A viagem através da "Ciência em Movimento: A Viagem da Descoberta" iluminou a evolução da compreensão humana desde as civilizações antigas até à era moderna. Começando com os inquéritos motivados pela curiosidade das primeiras civilizações e as abordagens sistemáticas dos pensadores antigos, a ciência desenvolveu-se progressivamente através de períodos fundamentais como o Renascimento, a Revolução Científica e o Iluminismo. Estas épocas assistiram a descobertas inovadoras nos domínios da astronomia, física, química, biologia e medicina, tendo cada uma delas alargado as fronteiras do conhecimento e reformulado a nossa compreensão do mundo natural.

O Renascimento e o Iluminismo não só reavivaram o conhecimento clássico, como também fomentaram um espírito de investigação crítica e de observação empírica que lançou as bases da ciência moderna. O advento do método científico durante a Era dos Descobrimentos acelerou ainda mais o progresso científico, permitindo a exploração e experimentação sistemáticas em diversas disciplinas. Desde o salto quântico da mecânica quântica até às teorias da relatividade de Einstein, que reformularam os nossos conceitos de espaço, tempo e gravidade, cada marco reflectiu uma busca incessante da verdade e um empenho em desvendar os mistérios do universo.

Os progressos da biologia e da medicina transformaram as práticas de cuidados de saúde, desde a teoria dos germes, que revolucionou a prevenção das doenças, até à descoberta da estrutura do ADN, que abriu caminho à genética e à biotecnologia. As dimensões éticas do progresso científico suscitaram uma reflexão sobre a investigação responsável e as implicações sociais das inovações tecnológicas.

Em conclusão, "Ciência em Movimento: The Journey of Discovery" sublinha a busca humana permanente de conhecimento e compreensão. Celebra a coragem dos visionários que desafiaram as crenças dominantes e os esforços de colaboração dos cientistas ao longo dos séculos, que se basearam nas realizações uns dos outros. À medida que navegamos nas complexidades do século XXI, as lições da história científica recordam-nos a importância da curiosidade, do rigor e da responsabilidade ética no avanço das fronteiras da ciência para o melhoramento da humanidade.

Referências

Universidade do Ar. (2003, agosto). Mecânica Orbital. Space Primer. Acedido em 22 de maio de 2009.

Blitzer, L. (1971, agosto). Paradoxo da órbita do satélite: uma visão geral. *American Journal of Physics,* 39, 882-886.

Gleick, J. (2003). *Isaac Newton.* Nova Iorque: Vintage Books.

Gribbon, J. (2008). *The Scientists: A History of Science Told Through the Lives of Its Greatest Inventors [Os Cientistas: Uma História da Ciência Contada através das Vidas dos Seus Maiores Inventores].* Nova Iorque: Random House.

Hawking, S. (2004). *The Illustrated on the Shoulders of Giants.* Philadelphia: Running Press.

Iannotta, B., e Malik, T. (2009, 11 de fevereiro). Satélite dos EUA destruído em colisão espacial. Acessado em 22 de maio de 2009.

Komoma. Órbitas de Satélites GPS. Acedido em 22 de maio de 2009.

Serway, R.A. (1992). *Physics for Scientists and Engineers, 3rd ed., Philadelphia.* Philadelphia: Saunders College Publishing e Harcourt Brace College Publishers.

Wolfe, J., e Hatsidimitris, G. (2005). Einstein Light. Universidade de New South Wales. Acedido em 11 de junho de 2009.

Printed by Books on Demand GmbH, Norderstedt / Germany